INSTRUCTION
SUR L'USAGE
DES LUNETTES
OU
CONSERVES,
POUR TOUTES SORTES DE VUES.

MARQUES AUXQUELLES ON peut connoître si les Vues longues ordinaires ont besoin de Conserves ou Lunettes, des Verres Convexes qui leur conviennent, & des Verres Concaves qui sont propres aux Vues courtes.

METHODE POUR SE CONSERVER la Vue ; avec une Dissertation sur ce que les Personnes âgées la recouvrent quelquefois dans un âge avancé.

Par Monsieur THOMIN, *Marchand Miroitier-Lunettier.*

A PARIS,
Chez CLAUDE LAMESLE, Libraire, rue S. Jacques, proche la Fontaine S. Severin, à la Couronne d'Or.

M. DCC. XLVI.
AVEC APPROBATION ET PRIVILEGE DU ROI.

PRÉFACE.

IL y a plusieurs années que je suis à travailler à un Traité d'Optique, sur tous les Ouvrages qui dépendent de cette Partie de Mathématique, en faveur des Miroitiers, ou Artistes Ocularistes, quant au mécanisme de cet Art; & en faveur du Public, touchant l'usage des Lunettes, dont personne n'a encore parlé avant moi.

Quelques personnes de l'Académie Royale des Sciences, auxquelles j'ai communiqué mon Projet en Manuſcrit, m'ont engagé, après l'avoir examiné, à y mettre la derniére main, m'aſſurant qu'on me ſçauroit bon gré d'avoir mis au jour des expériences auſſi intéreſſantes à la Société, que ſont celles que nous faiſons tous les jours ſur les différentes Vues qui ſe préſentent à nous, pour leur être de quelque utilité.

Mes occupations ne me

permettant pas de donner ſitôt cet Ouvrage en ſon entier, on m'a conſeillé de publier du moins par avance un Extrait des choſes les plus néceſſaires ſur l'uſage des Lunettes, tant pour l'utilité des Provinces, que pour celle de cette Ville Capitale.

Préférant donc l'intérêt général à celui des Artiſtes en particulier, que je voulois réunir enſemble, en cédant à l'empreſſement qu'on m'a fait l'honneur de me marquer, je me ſuis hâté de faire imprimer cet Extrait, qui ſuffira aux perſonnes qui ne ſont pas de l'Art, & je l'ai diviſé en quatre Sections.

La premiére Section traitera de l'uſage des Lunettes ou Conſerves pour les Vues longues ordinaires; des marques auxquelles on peut connoître ſi on a beſoin de ces ſortes de ſecours, & des Verres Convexes qui leur conviennent.

Dans la ſeconde, on parlera des Vues courtes, &

des Verres Concaves qui leur ſont propres.

Dans la troiſiéme, on donnera une Méthode pour ſe procurer ſoi-même la conſervation de la Vue.

La quatriéme donnera les raiſons pour leſquelles les perſonnes âgées, ayant la Vue affoiblie juſqu'à l'avoir preſque entiérement perdue, la recouvrent cependant à un âge plus avancé.

Comme les Belles Lettres n'ont pas fait ma principale

étude, j'eſpére que les perſonnes judicieuſes, qui ſçavent donner aux choſes leur juſte prix, me pardonneront les fautes qui auront pu ſe gliſſer dans mes expreſſions, en faveur des inſtructions que je donne.

INSTRUCTION
SUR L'USAGE
DES LUNETTES
OU CONSERVES,
POUR TOUTES SORTES DE VUES.

PREMIERE SECTION.

DE L'USAGE DES LUNETTES ou Conſerves pour les Vues longues ordinaires ; des marques auxquelles on peut connoître ſi on a beſoin de ces ſortes de ſecours, & des Verres Convexes qui leur conviennent.

IL me paroît à propos, avant que d'indiquer les marques auxquelles on peut connoître le beſoin que l'on a de ſe ſervir de Conſerves ou Lunettes, de donner la définition de la Vue.

La Vue eſt celui des cinq Sens par lequel les différens mouvemens des rayons viſuels ſont raſſemblés, au moyen des humeurs de l'œil, & tranſmis immédiatement à cet organe. Les couleurs des objets viſuels y ſont apperçues avec leur diſtance, leur grandeur, nombre & figure. Le moyen de cette perception eſt la lumiére.

Dans le Traité d'Optique que je donnerai, j'expliquerai au Chapitre de la deſcription de l'œil, comment les rayons de lumiére ſont réfractés dans leur paſſage à travers les Corps Diaphanes de différentes denſités ou épaiſſeurs, & à travers les humeurs de l'œil; la maniére dont nous voyons les objets, & comment ils ſe dépeignent ſur l'organe immédiat de la Vue. Il ſuffit préſentement de donner la diviſion des différentes ſortes de Vues.

Il y a ſix ſortes de Vues; deux longues, dont une eſt bonne, & l'autre foible; deux courtes, l'une de naiſſance & forte, l'autre foible par accident ou maladie. La cinquiéme eſt celle qui a ſouffert l'opération qui ſe fait pour enlever la Cataracte. La ſixiéme, celle des perſonnes qui ſont louches.

On va, dans cet Extrait, instruire le Public & les Artiſtes, de ce qu'il faut obſerver pour ces ſix différentes Vues, relativement à l'uſage des Lunettes, qui véritablement ne ſont deſtinées qu'à cinq ſortes de Vues, puiſqu'il ſeroit dangereux, comme on le va voir inceſſamment, d'en faire prévenir l'uſage aux Vues longues & bonnes, qui n'ont encore éprouvées aucune des foibleſſes qui puiſſe en indiquer un vrai beſoin, & dont je vais donner la deſcription.

Si l'on demande quand il faut ſe ſervir de Lunettes, & à quel âge ? Je réponds à la premiére partie de cette demande, qu'on n'en doit jamais uſer ſans une néceſſité réelle. Je répondrai dans la ſuite à la ſeconde. J'en excepte cependant les Lunettes d'Approche, qui peuvent être utiles à tout le monde; aux uns dans la Navigation & le Commerce, pour découvrir ſur Mer des Vaiſſeaux, ou s'aſſurer de loin de leur arrivée; aux autres, pour bien des découvertes curieuſes, comme on le verra dans le Traité d'Optique que je vais donner inceſſamment. L'avis que je donne de ne ſe point ſervir de Lunettes ſans y être abſolument obligé, paroîtra peut-être bien déſintéreſſé de la part d'un Artiſte. Mais la nature qui s'affoiblit continuellement & imperceptiblement, ne nous fournira d'ailleurs que trop de raisons de perfectionner notre Art, pour le soulagement du grand nombre de ceux que des maladies, des accidens, & les années forcent d'y avoir recours.

Plusieurs personnes ausquelles par une opinion mal fondée, on avoit persuadé qu'il falloit prendre de bonne heure des Lunettes pour se conserver la Vue, étant venues me trouver pour avoir des Conserves, qui, disoient-elles, ne fissent d'autre effet que celui de la Vue même, je leur ai fait plusieurs questions, pour voir ſi effectivement elles avoient beſoin d'un tel ſecours, & après avoir reconnu par leur diſcours qu'elles n'étoient pas dans le cas de s'y aſſujettir, je me ſuis contenté de leur dire qu'il n'en falloit prendre ni trop tôt ni trop tard, qu'elles pouvoient s'en paſſer préſentement, qu'elles attendiſſent encore quelques années, & que ſi elles éprouvoient quelque changement dans leurs yeux, & dans la façon de voir les objets, elles revinſſent me trouver, que je ne refuſerois pas de leur être utile : un nombre de ces perſonnes ont ſuivi mon avis ; d'autres ont cru apparemment que n'ayant pas été en humeur de leur vendre une marchandiſe qui leur auroit été ſuperflue, je n'y ſerois peut-être pas quand elles en auroient un vrai beſoin.

Enfin pour ne point prévenir, ni multiplier des néceſſités que l'on ne reſſent que trop dans la vie, je dis qu'entre ceux qui ont le plus de beſoin de ménager & de fortifier leur Vue, par le ſecours des Conſerves ou Lunettes, les Peintres en Mignature, les Graveurs, les Horlogers & les Ciſeleurs peuvent tenir le premier rang, ainſi que pluſieurs autres profeſſions dont l'énumération ſeroit trop longue à faire, ces mêmes profeſſions fatiguant beaucoup la Vue par la petiteſſe des objets qui les occupent, ont effectivement beſoin de Conſerves d'un foyer long; par exemple, il faut pour les premiéres des Conſerves de ſix pieds de foyer; nous entendons par ſix pieds de foyer, des Verres avec leſquels on peut voir un objet à ſix pieds d'écart de ce même objet, & le voir encore plus commodément à un écart bien moindre. Si ceux avec qui on traite ne tirent pas un ſecours ſuffiſant avec ces ſortes de Conſerves, on pourra leur en donner d'un foyer plus court, comme du 5, du 4, ou du 3 pieds. Je vais entrer inceſſamment dans un plus grand détail.

Il eſt d'une grande conſéquence pour ces ſortes de choſes-ci de bien commencer ; car, ſi une fois vous n'avez pas juſte votre point de vûe, il eſt moralement impoſſible d'y revenir, parce que la Vue ſe fait petit à petit au foyer de la Lunette, au lieu que ce doit être le point de vue qui en décide le foyer. Il faut donc pour cela s'adreſſer à un Lunettier Artiſte qui ait deux qualités, la probité pour ne point abuſer de la confiance du public, & l'habileté pour ne point donner mal à propos des Verres dont la trop grande convexite affoiblit la Vue de la perſonne qui s'en ſert, parce qu'alors on la lui fait baiſſer, en accoutumant trop promptement ſes yeux à une trop grande quantité de refléxions, qui forçant la Vue, oblige la prunelle de ſe rétrecir plusqu'elle ne devroit; d'où il arrive que des perſonnes qui prennent des Lunettes trop fortes de bonne heure, parvenant à un certain âge avancé, n'en trouvent plus d'aſſez fortes pour eux, faute d'avoir ménagé les différens dégrés de vue par leſquels il faut conduire inſenſiblement ceux qui ſe ſervent de Lunettes ou Conſerves.

Ce n'eſt pas toujours ſe conſerver la Vue, que de prendre

des Lunettes de bonne heure.

Il eſt des perſonnes qui rougiſſent de porter des Lunettes à un âge même avancé, dans lequel elles en auroient réellement beſoin, & quand elles ne peuvent plus s'en diſpenſer, elles viennent nous trouver, exigeant que nous leur fourniſſions tout d'un coup le point juſte de leur Vue. J'ai réuſſi à l'égard de quelques-unes; mais j'ai été obligé de dire à bien d'autres qu'elles s'étoient trop forcé la Vue, pour recevoir quelque utilité de ce ſecours, & que dans la ſituation où elles étoient, je craignois même que cela ne leur fût préjudiciable: quelques-unes ont ſuivi mon avis ; d'autres ont penſé que ſi cette acquiſition leur devenoit inutile, elle ne ſeroit pas du moins infructueuſe au Marchand. Leur conduite, ſur cette derniére façon de penſer, ne peut pas être blamable. J'ai vû une Dame entr'autres âgée de ſoixante ans, qui n'eſt pas un âge hors de porter des Lunettes, puiſque pluſieurs perſonnes qui ont toujours eu la Vue forte & bonne prennent enfin le parti de prendre des Conſerves à cet âge, n'en pouvoir trouver d'aſſez fortes pour elle, & cela pour avoir trop attendu. Sans avoir la Vue courte, cette Dame étoit d'une ſanté parfaite, à cela près de ses yeux, dont elle ne pouvoit faire usage pour aucun exercice qui pût lui convenir. Elle m'avoua qu'il y avoit plus de quinze ans qu'elle avoit éprouvé pour la premiére fois, les marques auxquelles je désigne le vrai besoin de Lunettes ou conserves; qu'elle n'avoit pû s'y résoudre dans ce temps-là, & que la foiblesse depuis n'avoit pas diminuée. La preuve malheureusement pour elle n'étoit que trop évidente. Je vais faire voir incessamment à quoi on pourra connoître, si réellement on a besoin de ce secours, pour n'en faire usage ni trop tôt ni trop tard.

Le besoin des Conserves se fait sentir assez ordinairement, le soir à la lumiére d'une chandelle, ou de deux, & ceux qui s'en apperçoivent au jour, préviennent mes intentions. Le Soleil ne nous fournissant plus la lumiére, (comme il n'est rien dans le monde qui puisse lui être comparé) quelques-uns parvenus à un certain âge ont besoin d'avoir recours à ce supplément, & d'autres sans être avancés en âge par rapport au tempérament, parce que les yeux dont le cristallin commence à se dessécher plutôt chez les uns que chez les autres, obligent les premiers à prendre des Lunettes avant les autres, ce qui prouve qu'il n'y a rien de plus déraiſonnable que de demander aux perſonnes qui s'adreſſent à nous, pour acheter ces ſortes de marchandiſes, quel âge elles ont : il ſeroit, je crois, plus à propos de leur demander ſi elles ont apporté avec elles leurs yeux, parce que ce ſont là les ſeules choſes néceſſaires pour faire cette acquiſition.

L'âge ne prouve rien pour le dégré des Lunettes, car on donnera quelquefois à une perſonne de 40 ans, ce que l'on donne à une autre de 80, & cela m'eſt arrivé. Je fus appellé il y a quelques années, dans une maiſon,

maiſon, où je donnai à la mere qui avoit 81 ans, le même dégré de vue qu'à la fille qui n'en avoit que 42. Voici une régle ſuivie aſſez ordinairement par quelques-uns.

Depuis 25 ans juſqu'à 35, ils donnent du 6, du 5, du 4, du 3 pieds, & du 30 pouces.

Depuis 35 juſqu'à 45, du 24, du 22, du 20, du 18, & du 16 pouces.

Depuis 45 juſqu'à 55, du 14, du 12, du 10, du 9, & du 8 pouces.

Depuis 55 juſqu'à 70, du 12, du 10, du 9, du 8, & du 7 pouces.

Depuis 70 juſqu'à 90, du

8, du 7, du 6, du 5, du 4 pouces & demi, quelquefois même du 4 pouces.

S'il n'eſt point de régle ſi générale qu'elle ſoit, qui ne ſouffre quelque exception, celle-là aſſurément, ſelon l'expérience journaliére que nous en avons, en ſouffrira plus que d'autres. Je ne prétens pas cependant m'élever en faux contre toutes ces proportions. Je ſçai, par exemple, que pluſieurs perſonnes à 60 ans ; portent des Verres de 12 pouces de foyer ; mais j'en ſçai auſſi bien d'autres, qui ont beſoin de ce même dégré de vue à 35, 40 & 45 ans. Toutes ces réflexions prouvent beaucoup de difficultés pour faire ces ſortes d'amplettes, pour d'autres que pour ſoi-même.

Pour lever ces difficultés en faveur des perſonnes qui ſont en Province, & qui veulent faire venir des Lunettes de Paris, voici le parti qu'il faut qu'elles prennent.

Il faut qu'elles choiſiſſent entre toutes les Lunettes des perſonnes qui s'en ſervent dans leur Ville, celles avec leſquelles elles verront plus commodément les objets ſans que leur vue travaille. Elles peuvent l'envoyer pour modéle, on leur fera tenir quelque choſe même de plus régulier, ſuppoſé que le modéle ne le fût pas lui-même, & qui se trouvera juste à leur Vue. Si elles ne peuvent point envoyer de modéle, parce que quelquefois les personnes à qui elles se seroient adressées, ne peuvent ou ne veulent pas s'en dessaisir, vû la difficulté de trouver en Province quelque chose de bien juste à leur Vue; il faudroit alors mesurer le foyer des Verres que l'on a choisis, suivant la maniére que j'indique ci-après.

Je suppose les deux Verres bien égaux de foyer entre eux; car si l'un est d'un foyer, & l'autre d'un autre, comme cela arrive très-souvent aux Lunettes communes, on ne sçaura alors à quoi s'en tenir : mais s'ils sont égaux de foyer ; c'est-à-dire, que l'un ne grossisse pas plus que l'autre, présentez-les au jour dans une Chambre, vis-à-vis une tapisserie ou un mur ; faites en sorte que l'objet qui est devant le Verre se dépeigne ; par exemple, le chassi de la fenêtre qui éclaire la Chambre où vous prenez cette mesure, doit être représenté au travers du Verre sur la tapisserie ou sur le mur ; prenez une mesure sur laquelle vous tiendrez droit votre Verre, vous l'approcherez ou retirerez, jusqu'à ce que la représentation du chassi se fasse voir clairement ; écartez ensuite votre Verre, juſqu'à ce que l'objet repréſenté commence à ſe perdre de vue; marquez-en l'endroit ſur cette même meſure ou bâton, vous aurez juſte la longueur du foyer du Verre, que vous meſurerez enſuite avec un pied. Après avoir pris cette meſure, vous trouverez 12, 14, ou 18 pouces plus ou moins; vous demanderez alors qu'on vous envoye des Lunettes de 12, 14, ou 18 pouces de foyer plus ou moins, ſuivant la meſure que vous en aurez priſe, & vous ſerez ſûr d'avoir le même dégré de vue que celui que vous aurez meſuré.

Pour les Conſerves qui groſſiſſent peu les objets, & dont le foyer eſt par conſéquent plus long, comme de 2 pieds, 2 pieds ½, 3, 4, 5, & 6 pieds; il faudra, pour en avoir la meſure, la repréſentation d'un objet beaucoup plus éloigné que celui des carreaux d'une croiſée, qu'on reçoit alors par l'ouverture de la croiſée même. Si le Soleil éclaire bien l'objet, on en aura la repréſentation au foyer du Verre.

Voici une autre maniére plus commode & plus aiſée pour envoyer les foyers de toutes ſortes de Verres. Prenez la Lunette que vous aurez trouvée la plus juſte à votre Vue, appliquez le

Verre ſur un peu de cire à cacheter bien chaude, l'ayant auparavant échauffé lui même ſur un peu de feu, le tenant à la main, crainte de brûler la chaſſe qui l'environne, la cire prendra la forme du Verre, comme elle prend celle d'un cachet : faites la même opération de l'autre côté du Verre, ſur une autre portion de cire; le Lunettier à qui vous envoyerez ces deux ſortes de calibres ou meſures, vous envoyera le foyer juſte du Verre dont vous lui aurez donné l'impreſſion. On peut faire la même opération pour les Verres concaves qui ſont deſtinés à l'uſage des Vues courtes, ainſi que pour les Verres convexes qui ſervent aux Vues longues.

Lors donc qu'à la lumiére nous nous appercevons que nous ſommes obligés d'écarter ou approcher plus qu'à l'ordinaire l'objet de nos yeux ; qu'il s'échappe, ſe perd, ou tombe en confuſion ; qu'en liſant, les Lettres & les lignes nous ſemblent paſſer les unes ſur les autres ; que les yeux travaillent pour recevoir les réflexions qui partent d'un objet, & qu'ils ſont même obligés de ſe fermer de temps à autre pour recevoir quelque ſoulagement, ou bien d'être divertis par la vue d'un autre objet pour ſe procurer une eſpece de rafraîchiſſement, c'eſt-là le commencement des foibleſſes qui nous indiquent la néceſſité de prendre des Conſerves. Tant que l'on ne ſent aucun de ſes effets, on n'a pas beſoin de Lunettes ou Conſerves : ſi au contraire l'on en reſſent quelqu'un, les Conſerves alors ſont néceſſaires, parce qu'elles ſoutiennent la Vue, lui facilitent les réflexions de la lumiére en les réuniſſant de plus près que l'objet, & font reprendre aux yeux la diſtance naturelle dont on voyoit auparavant les objets : ainſi l'excès de l'écart ou du rapprochement de l'objet aux yeux, eſt une preuve convaincante du beſoin que l'on a de ſe ſervir de Conſerves. En s'obſtinant, comme font bien des perſonnes, à ne s'en point ſervir, ſoit par modeſtie, ſoit par bienſéance, ou dans la crainte de paroître plus âgées qu'elles ne ſont, on ſe fera baiſſer la Vue, de façon que quelques mois après, on ſera dans l'obligation de prendre, non pas des Conſerves, mais de vraies Lunettes. Par conſéquent, une Vue à laquelle il ne falloit qu'une très-petite réunion de réflexions dès le commencement de l'affoibliſſement de ſes yeux, en aura beſoin d'une bien plus grande; c'eſt-à-dire, qu'il lui faudra des Verres beaucoup plus convexes que ne le ſont ordinairement ceux des Conſerves, & l'on ſera même obligé d'approcher de plus près l'objet de ſes yeux. Voilà bien ce que l'on peut appeller diminution de Vue. Ainſi une perſonne à qui il ne falloit pour premieres Lunettes que des Conſerves de ſix pieds, ayant laiſſé trop affoiblir ſa Vue, ne connoiſſant pas les marques que j'ai indiquées ci-deſſus pour la néceſſité de prendre des Conſerves, ſera obligée de ſe ſervir des Lunettes de 18 pouces, & quelquefois même de 12 pouces. Les connoiſſeurs & le public, ſentent aiſément la différence qu'il y a entre une

Conſerve d'un foyer de 72 pouces, & celui de 18 ou 12 pouces. L'abus que l'on peut faire, & que l'on fait même très-ſouvent, de la bonté de ſes yeux, prouve bien que l'âge n'y entre pour rien ; il faut donc ſuivre en cela, comme en quantité d'autres choſes, le ſentiment d'un ancien, *principiis obſta, ſerò Medicina paratur.* Si on remedie de bonne heure à la foibleſſe que je viens de décrire, & qu'elle ne ſoit que paſſagere, les Conſerves ne l'augmenteront point, & ne feront pas contracter la néceſſité de leur uſage ; nous en avons l'expérience par pluſieurs perſonnes, qui après s'en être ſervi cinq ou ſix mois, & même quelques années, viennent au point de n'en avoir plus de beſoin : il y a tout lieu de croire que ces Conſerves étoient très-exactes & très-régulieres ; car les Lunettes communes, loin de préſerver de leur uſage continuel, augmentent plutôt notre foibleſſe qu'elles ne la diminuent ; & à bien prendre, ce que l'on entend par le terme de Conſerves, ne convient en aucune façon à de mauvaiſes Lunettes dont je vais donner la deſcription.

L'uſage continuel de ces ſortes de Lunettes engendre à la longue des duretés ou des inégalités, qui font paroître quantité de petits corps dans l'air, lorſqu'on regarde le Ciel, & qui nous trompent de maniere, qu'on chaſſe ces corpuſcules, comme ſi c'étoient des moucherons qui nous importunaſſent; d'où il eſt aiſé de conclurre que ce ſont des parties du criſtallin, ou même de la cornée, ou de la retine, qui ſe font deſſéchées, endurcies, ou brûlées, par la trop grande lumiere qui eſt entrée irréguliérement dans l'œil. Ces duretés rendent inſenſible l'organe immédiat de la Vue aux impreſſions des rayons qui partent de certains points de l'objet. La vacillation de l'axe Optique, nous fait attribuer des mouvemens irréguliers de ces corps supposés, ou mouches volantes, pendant que c'est nous qui mouvons leur cause dans le fond du globe de l'œil, sans y faire attention.

La meilleure maniere de se conserver la Vue, est d'avoir deux sortes de Conserves ou Lunettes; une pour le jour & une pour le soir à la lumiere. Celle du jour doit être plus jeune; c'est-à-dire, d'un foyer plus long que celle du soir, parce que le Soleil nous fournit une plus grande quantité de rayons de lumieres, que toutes les bougies du monde. Par exemple ; une personne à qui une Conserve de six pieds suffit pour le jour, peut en prendre une seconde pour le soir de 4 à 5 pieds de foyer, afin d'entretenir toujours les yeux à recevoir le soir, comme le jour, à peu près une même quantité de rayons de lumiere. Ces dernieres Conserves étant d'un foyer plus court, réunissent davantage de rayons, & peuvent entrer en quelques proportions avec ceux que le Soleil nous fournit dans le jour, en se servant de Conserves de six pieds. Ceux qui se servent de Verres de 20 pouces de foyer dans le jour, peuvent en prendre pour le ſoir du 18 pouces, ſans courir riſque de ſe faire baiſſer la Vue; car les Verres de 18 pouces pour le ſoir ne produiront pas plus à la lumiere, que ceux de 20 au jour. Je peux même dire plus, ſelon l'expérience que j'en ai faite à l'égard de pluſieurs perſonnes, que l'on ne reſtera pas ſi long-temps au même dégré de vue, en ſe ſervant le jour & le ſoir d'un ſeul & même foyer de Verre, la prunelle ſe dilatant la nuit pour être plus ſuſceptible de la lumiere, parce qu'elle eſt en moindre quantité que le jour; cette dilatation prouve beaucoup le beſoin que l'on a de prendre pour le ſoir des Verres qui réuniſſent davantage de réflexion de l'objet. La Vue étant ſoutenue de ce ſecours, la prunelle ſouffrira une ouverture moins conſidérable, & par conſéquent plus proportionnée à celle du jour. L'uſage d'un foyer un peu long n'eſt pas mépriſable, puiſqu'il nous conſerve toujours dans un certain écart, des objets que nous voulons voir ; c'eſt au contraire fort diſgracieux d'avoir, pour ainſi dire, le nez ſur les objets, pour les découvrir avec des Verres d'un foyer court.

Voici les dégrés de vue auxquels on reſte le plus long-tems, quand on ne ſe ſert que de Verres réguliers, ſçavoir de 30, 24, 18, 16, 12, 10, 8, 7, & 6 pouces. Comme la Vue va toujours en s'affoibliſſant, ainſi que les autres parties du corps, nous ſommes obligés de prendre des Verres d'un foyer plus court à meſure que la foibleſſe ou l'âge augmentent; celle-ci par progreſſion du côté des années, & ceux-là par rétrogradation du côté des foyers, qui deviennent plus courts à meſure que nous avançons en âge; par exemple, à 30 ans on ſe ſervira quelquefois d'une Cónſerve d'un foyer de ſix pieds, & à 60 d'une Lunette d'un pied de foyer: & pour me faire entendre plus clairement, je dis qu'une Lunette de 30 pouces eſt plus jeune que celle de 18, 16 & 12 pouces. Celle de 10, 9, 8, 7 & 6 pouces, s'appelleront par conſéquent, vieilles Lunettes, ou Lunettes pour un âge avancé.

Les meilleures Lunettes ou Conſerves pour les Vues longues ordinaires, ſont celles qui ſont travaillées réguliérement des deux côtés. Elles ſont, pour deux raiſons, préférables à celles qui ne ſont travaillées convexes que d'un côté : la premiere eſt que les liqueurs qui compoſent nos yeux, ſont elles-mêmes convexes des deux côtés ; par conſéquent, tout ce qui eſt plus conforme à la nature de la chose, lui eſt plus avantageux : la ſeconde, eſt que les Verres plats d'un côté & convexes de l'autre, ſont capables d'altérer peu à peu la Vue, par un défaut d'attention qu'il ſeroit néceſſaire d'avoir dans l'uſage de ces ſortes de Lunettes, afin de mettre toujours du côté des yeux le plan de ces Verres, & la convexité du côté de l'objet que l'on veut voir. Ceux qui ſe ſervent de ces ſortes de Lunettes, travaillées ſeulement convexes d'un côté, me rendront juſtice, en avouant qu'ils ont effectivement eux-mêmes fait l'expérience de la ſujettion qu'elles entraînent avec elles, de retourner toujours le plan de ces Verres du côté des yeux: on ſent même que les yeux ſouffrent d'un uſage contraire. Les Verres Convexes des deux côtés au contraire, réuniſſant également de chaque côté les rayons de la circonférence au centre, n'ont beſoin d'aucun retour pour faire un bon effet, parce que les rayons qui tombent obliquement, & avec égalité des deux côtés, par la convexité réciproque & parallèle de ces deux ſurfaces, partagent par moitié la diſtance de leur réunion des deux côtés, outre la raiſon que nous avons tirée de la nature de l'œil en lui-même, dont nous venons de parler; au lieu que ceux qui ne ſont travaillés que d'un côté, pour en faire un uſage qui ne ſoit pas nuiſible à la Vue, il faut mettre le plan de ces Verres du côté des yeux, & la convexité du côté de l'objet; parce que les rayons de lumiere qui tombent perpendiculairement ſur une ſurface plane, ne ſe briſent pas comme ceux qui tombent obliquement ſur une portion ſphérique. Voilà d'où vient la néceſſité de retourner ces Verres, pour voir plus commodément un objet, la réunion exacte des rayons n'étant que d'un côté;

côté ; c'eſt ce dont bien des perſonnes s'apperçoivent, & retournent ſouvent leur Lunette ſans ſçavoir la cauſe de ce mouvement forcé, & ne connoiſſent le côté qui doit être devant les yeux, que lorſqu'ils ſont attachés à regarder quelque objet.

Quant aux Conſerves les plus jeunes, plus la matiere ſera parfaite en elle-même, & bien finie pour le douci & le poli, moins l'interpoſition ſera ſenſible.

Tous les jours ceux à qui nous donnons ces ſortes de Conſerves, nous diſent cependant qu'ils voyent mieux avec leurs yeux, qu'avec des Conſerves du foyer le plus long. En voici la raiſon :

ce ſont des Vues délicates que la moindre interpoſition bleſſe ; je ſçai, par expérience, que les bonnes Lunettes leur procureront l'avantage de lire ou travailler plus long-tems, que s'ils ne ſe ſervoient que de leurs yeux ; il eſt vrai qu'ils ſentiront toujours quelque choſe qui les bleſſera, ou du moins les inquietera ſur l'uſage des Conſerves même les plus jeunes, ce qui eſt l'interpoſition de la matiere dont ces Verres ſont compoſés, qui les prive de voir les objets avec une évidence immédiate, comme eſt celle dont ils voyent avec leurs yeux.

Pour obvier à la difficulté

dont nous venons de parler, voici le parti qu'il faut prendre: les Conſerves les plus jeunes ne doivent avoir d'épaiſſeur de matiere que celle qui leur eſt néceſſaire pour la convexité de l'arc de cercle, dont elles ont le foyer; en ſorte que ces Verres ſoient dans tous les points de la circonférence auſſi aigus, que le bord d'un ſol marqué. L'interpoſition alors ſera bien moins ſenſible, & le Public en ſera mieux ſervi. Je ſçai la difficulté qu'il y a de réuſſir à ces ſortes de Verres jeunes; mais après tout, nous ne ſommes obligés de faire uſage de tout ce que l'art & l'expérience nous ont appris, qu'en faveur de ceux qui ſont aſſez judicieux & équitables, pour ne point augmenter le nombre des malheureux, en nous obligeant de travailler pour eux.

Il faut cependant avoüer que les Verres plans Convexes d'un côté, exactement travaillés, ſont préférables à de mauvais Verres Convexes des deux côtés, tels que ſont ordinairement toutes ces mauvaiſes Lunettes communes, dont nous n'avons que trop de débit, & qui ſont plutôt capables d'altérer la Vue, que de la conſerver; ſoit par l'irrégularité de leur aſſortiment, l'un étant d'un foyer d'un côté, & l'autre d'un autre; soit par le défaut du douci, soit par l'inégalité de l'épaisseur de la matiere, ou par les défauts dont ces sortes de matieres sont communément remplies, tels que sont des fils de Verre, des points & des bouillons; soit enfin par l'irrégularité des bassins dans lesquels on les travaille; ajoutez à cela qu'on en fait au moins six à la fois : voilà ce qui en fait le bon marché. D'habiles Artistes, & de bonne foi, conviendront avec moi qu'il est moralement impossible de faire plus d'un Verre à la fois, afin qu'il ait toutes les qualités requises, pour faire un Verre parfait. S'il y a tant de difficulté à les faire parfaits un à un, on peut juger de la perfection de ceux qui se font à la douzaine : en un mot, si nous ne vendions pas tant de Lunettes communes, que nous le faisons, le débit des Lunettes ne seroit pas si grand qu'il est ; car depuis que j'en fais le commerce, je m'apperçois que je vend plus de Lunettes de différens foyers, à ceux à qui je vend du commun, qu'à ceux à qui je ne donne que du bon ; & cela, parce que des Verres irréguliers font baisser la vue de plus en plus. Il est étonnant que l'on estime si peu la conservation de ce que l'on peut bien appeller la moitié de la vie. Il n'en eſt pas cependant de la conſervation de la Vue, comme de celle du corps; la fineſſe des étoffes qui ſervent à nous couvrir, eſt fort indifférente à la ſanté, au lieu que celle des Verres contribue beaucoup à ſoutenir nos yeux dans une égale force, en produiſant par la régularité de leur travail, ce que la foibleſſe de la nature commence à leur refuſer. Nous avons l'expérience de gens qui ſe ſervent depuis dix ans & vingt ans du même dégré de Vue, avantage qu'ils n'auroient certainement pas trouvé dans l'uſage des Verres commununs, dont les bords ordinairement, au lieu de nous repréſenter les objets dans leur ſituation naturelle, nous les font paroître courbes, avec un cercle d'Iris ſur toute la circonférence, & cauſent aux yeux une eſpéce d'attraction : voilà à quoi on connoît l'irrégularité de ces Verres.

Quelques perſonnes un peu ſcrupuleuſes, ne voulant pas charger une petite partie du corps, (cependant un des cinq ſens,) de la conduite du tout, prennent le parti de préférer les Monocles, appellées communément Lanſtiers ou Lunettes de main, aux Lunettes à deux

Verres. Voici ce qu'il eſt à propos de conſeiller aux perſonnes qui ſe ſcandaliſent ſi aiſément ; il eſt cependant vrai qu'une Lunette à la main a quelque choſe qui répugne moins que des Lunettes ſur le nez ; & dans un âge même avancé, nous aimons naturellement quelque choſe qui nous rappelle un air de jeuneſſe. Il faut faire eſſayer à ceux qui n'ont encore fait aucun uſage de ces Lunettes à la main, ni d'autres, des Lunettes à deux Verres ; il faudra remarquer le foyer de celle qu'il trouveront la meilleure pour leur Vue, & leur donner une Lunette à la main ou Lanſtier, qui ſoit double de foyer de celle qui étoit propre à la Vue, s'ils tiennent leur Verre entre l'œil & l'objet qu'ils veulent voir dans un certain milieu; par exemple, si la Lunette qui a servi à prendre leur point de Vue est de 12 pouces de foyer, il leur faut un Verre de 24 pouces de foyer; mais s'ils le tiennent tout contre l'œil, de façon que l'œil touche au Lanstier, il leur en faut un du foyer de la Lunette qu'on leur a fait essayer: pour ces derniers, il seroit plus à propos de leur en dissuader l'usage, & les engager à celui des Lunettes à deux Verre; vû l'incommodité qu'elles entraînent avec elles pour lire

& pour écrire. Pour les premiers qui tiennent leur Lunette à la main dans un certain milieu entre l'œil & l'objet, je dis qu'il leur faut le double du foyer de la Lunette qu'on leur a fait essayer ; en voici la raison. Un foyer se trouvant dans la section des deux airs, fait autant d'effet du côté de l'objet, que du côté de l'œil ; ce qui fait alors un double produit qui forme un foyer de 12 pouces, qu'on approche de l'œil ce même Verre, alors ne souffrant aucun partage, il ne forme qu'un foyer de 24 pouces. Pour rendre l'expérience plus sensible, qu'on prenne un Verre de 12 pouces, qu'il ſoit approché de l'œil d'une main, & qu'on en tienne un de vingt-quatre pouces de l'autre main, l'objet ou les lettres d'une écriture ne vous paroîtront pas plus groſſes au travers du Verre que vous tenez auprès de l'œil, qu'au travers de l'autre que vous tenez dans le milieu qui eſt entre l'objet & l'œil.

Pour les Vues courtes, dont on va parler inceſſamment, elles tiennent rarement leur Verre dans ce milieu; c'eſt pourquoi on doit leur donner en Lunettes à un ſeul Verre, le même foyer que celui de celle à deux Verres qu'elles ont eſſayée, ou dont elles ont coutume de faire uſage.

Les perſonnes de Province qui demandront des Lunettes à la main, auront ſoin de faire attention à ce que je viens de dire, attendu la différence de ces foyers, qui vient de la différente maniere dont on veut faire uſage de ces ſortes de Lunettes. Il ſera auſſi aiſé d'envoyer le foyer ou la meſure d'une Lunette à la main, comme d'une Lunette à deux Verres, excepté que pour ceux qui tiennent le Verre dans un certain milieu entre l'objet & l'œil, il faudra demander le double du foyer qu'on aura meſuré : ſi c'eſt avec une Lunette de ſix pouces, il faudra demander une Lunette de 12 pouces de foyer. Ceux qui ne pourront faire uſage d'un Verre dans un certain écart de l'objet & de l'œil, le demanderont préciſément du foyer de la Lunette avec laquelle ils auront pris leur meſure, comme nous avons dit ci-devant, en parlant de la maniere d'envoyer les foyers de toutes ſortes de Lunettes.

Les vieillards ordinairement liſent mieux à une diſtance éloignée que de près, parce que les rayons qui viennent de plus loin, ſe réuniſſent en plus grande quantité ſur les mêmes points de la rétine, & y font une plus forte impreſſion. Les perſonnes moins avancées en âge ne voyent que confusément les objets envisagés de trop près, parce que les angles que font les rayons étant trop grands, les rayons qui partent de chaque point de l'objet sont trop écartés; & ne se trouvent point assez réunis sur les mêmes parties de la rétine, que je suppose être l'organe immediat de la Vue, ou cette partie du globe de l'œil, qui par l'action des rayons de la lumiere reçoit les impressions des objets extérieurs & visibles, pour en communiquer les idées au cerveau & à l'ame. Un Verre convexe, dont le propre est de rassembler les rayons, ne produit que de la confusion aux

Vues courtes, parce qu'il les réunit avant qu'ils tombent ſur la rétine; par conſéquent ils n'y parviennent qu'après s'être croiſés, & lorſqu'ils ſont éparpillés & ſans force.

Nous allons parler dans la ſeconde Section de ces ſortes de Vues d'une maniere plus détaillée, & des Verres concaves qui leur conviennent, Verres bien différens de ceux qu'il faut pour les Vues longues ordinaires.

SECONDE SECTION.

DES VUES COURTES, & des Verres Concaves qui leur sont propres.

IL y a deux sortes de Vues courtes ; l'une de naissance, & l'autre par accident ou maladie : ces deux sortes de Vues se servent rarement de Lunettes à deux Verres, comme sont ordinairement celles que l'on met sur le nez. Elles ne se servent communément que d'un seul Verre qu'elles tiennent à la main, ou d'une Lunette d'Approche à deux Verres, dont l'un eſt concave & l'autre convexe ; à moins que ce ne ſoient des gens d'étude ou de cabinet, qui ayent beſoin alors de l'application de leurs deux yeux, auxquels on peut donner des Conſerves concaves des deux côtés. Pour les premieres du 4 & 3 pieds, 2 pieds $\frac{1}{2}$ & 2 pieds ; ainſi du reſte, comme nous venons de dire dans la premiere Section pour les Vues longues ordinaires. Quand ces ſortes de Vues ſont courtes de naiſſance & bonnes, elles ſe paſſent aiſément de Lunettes ; elles voyent plus diſtinctement les objets qui ſont près d'elles, que ceux qui en ſont éloignés médiocrement,

& qui, à un plus grand écart, ſont vûs par les Vues longues ordinaires ſans aucun ſecours ; parce que ceux qui ont la Vue courte ont le Criſtallin trop convexe, & par conſéquent la rétine trop éloignée du Criſtallin, ce qui ne leur rend les rayons d'un objet éloigné, que comme éparpillés & ſans force, parce que partant de cet objet, ils ſe réuniſſent & ſe croiſent dans l'œil, avant d'atteindre la rétine, d'où vient qu'elles ſont incapables de tracer une image diſtincte. On voit cependant ces perſonnes-là parvenir à quatre-vingt-dix ans ſans prendre de Lunettes. Leur en perſuader l'uſage, c'eſt leur faire préſent d'une néceſſité dont elles ſe paſſeroient bien, & qui les obligeroit jusqu'à la fin de leurs jours de ſe ſervir de ce ſecours, parce que leurs yeux s'accoutumant peu à peu à la façon de réfléchir les rayons de lumiere des Lunettes qu'on leur a fait prendre, elles viendront au point de ne pouvoir plus s'en paſſer ; il y a même plus, car c'eſt leur faire baiſſer la Vue, ainſi que nous venons de dire ci-devant des Vues longues & bonnes, auxquelles on peut faire prévenir mal à propos l'uſage des Lunettes convexes. Il faut donc dans un Artiſte autant de probité pour les unes que pour les autres, & qu'il ne perde pas de vue ce grand principe de morale, *ne feceris alteri, quod tibi ipsi fieri non vis.* Un vil intérêt ne doit point nous faire prendre pour les autres un parti que nous ne prendrions pas pour nous-mêmes.

Pour ceux dont la Vue est courte & foible, les Lunettes Concaves leurs sont utiles, afin qu'ils puissent voir l'objet d'une maniere plus claire & plus distincte qu'avec leurs yeux; à la vérité, elles diminuent l'objet, parce qu'elles le font voir sous un angle plus petit, les rayons qui sortent de ces Verres s'écartant de la perpendiculaire en paſſant dans un milieu moins libre, & cet écart les éloignant les uns des autres, les empêche de ſe réunir ſitôt ſur la rétine; par conſéquent des yeux qui réuniſſent trop tôt les rayons d'un objet, ont beſoin de ces ſortes de Lunettes. Nous avons dit à la fin de la premiére ſection, les raiſons pour leſquelles un Verre qui groſſit les objets ne peut pas convenir à ces ſortes de Vues. Demander des Verres dont l'effet eſt ſi contraire à la nature des yeux, c'eſt demander la perte de la Vue, & en même temps l'impoſſibilité, n'en pouvant trouver de tels.

Il eſt à propros de dire, ſur l'uſage des ſeuls Verres à la main, ou Lunettes d'approche à deux ou à quatre Verres, que ceux qui regardent à travers, ne ſe ſervent ordinairement que d'un œil & ferment l'autre; qu'il y en a qui tiennent tous les deux yeux ouverts, & qui voyent auſſi bien à travers d'un Verre ou d'une Lunette d'approche, que ceux qui en ferment un, nonobſtant la quantité des objets qui ſe peignent dans l'œil ouvert, qui n'a aucun rapport à l'autre œil qui eſt attaché à regarder un objet fixe à travers de ce Verre ou Lunette d'approche. La raiſon eſt que l'œil avec lequel on regarde à travers le Verre ou la Lunette d'approche, & celui qui n'y regarde pas, ont tous les deux leur axe dirigé vers l'objet que l'on regarde à travers du Verre ; ainſi les objets extérieurs n'affectent que foiblement l'œil qui eſt hors le Verre, parce qu'ils ſont ſeulement vûs ſans être regardés : par exemple, lorſque nous ſommes fort occupés de quelque choſe en marchant, nous ne laiſſons pas de voir notre chemin ſans regarder les différens objets ou perſonnes que nous rencontrons. La différence qui ſe trouve donc entre voir un objet & le regarder, vient de de l'attention de l'ame à la représentation de l'objet qui en accompagne toujours le regard, & non la ſimple vue de l'objet ; ce qui fait dire communément qu'en voyant on ne voit pas. Une preuve que la foibleſſe de l'effet des rayons qui partent de ces objets extérieurs, ne provient que de l'inattention de l'ame, c'eſt que lorſque l'œil regarde à travers de la Lunette d'approche, il ne conſidére pas l'objet à la diſtance qu'il eſt, comme on le voit ordinairement, mais il ſe l'imagine plus près de l'œil : cet œil alors change ſa figure de la maniére qu'il convient pour voir les objets de près, pendant que l'autre œil change involontairement ſa figure de la même maniére ; & comme il n'y a point d'objet ſi près de l'autre œil que celui que l'on voit à travers la Lunette, tous les objets dont les rayons tombent ſur cet œil là, ſont trop éloignés pour pouvoir faire une forte impreſſion ſur l'organe de la Vue d'un œil qui eſt figuré de façon à voir les objets de près ; la preuve de cela eſt que quand on lit, on n'eſt point affecté par les objets qui paſſent à quelque diſtance de ſoi. Ceux qui font beaucoup d'uſage de la Lunette d'approche à deux ou à quatre Verres, & même les Vues courtes qui ne ſe ſervent que d'un ſeul Verre appellé Monocle, qui eſt ordinairement monté dans une queuë d'écaille ou de corne, pour regarder les objets, peuvent (vû l'incommodité qu'il y a de contraindre un œil à ſe fermer, ou d'avoir les deux mains occupées, l'une pour tenir la Lunette vis-à-vis de celui qui eſt ouvert, & l'autre ſur l'autre œil pour l'obliger à ſe fermer plus réguliérement) s'accoutumer par dégrés à regarder à travers de leurs Lunettes d'approche ou de leur Verre ſeul, avec les deux yeux ouverts, en commençant la nuit cet exercice à la lumiére d'une ou pluſieurs bougies, près de l'objet que l'on veut regarder, & aprés par dégrés juſqu'en plein jour, nonobſtant la quantité des objets qui ſe trouvent devant l'œil qui n'eſt pas appliqué au Verre ou à la Lunette d'approche. Cette habitude-là eſt aiſée à contracter, & la ſuite en fait connoître l'utilité ; elle eſt de néceſſité pour un Artiſte qui ſouvent eſt occupé à mettre des Lunettes d'approche à leur point de vue, & alors il n'a pas trop de ſes deux mains.

Il faut avoüer que les Vues courtes ſont plus difficiles à ſervir que les Vues longues ordinaires ; voici le nœud gordien de cette difficulté. Si on veut donner des Lunettes à deux Verres, montées dans une chaſſe d'écaille ou de corne, comme les Lunettes ordinaires des Vues longues, il faut bien prendre garde ſi celui à qui on les fournit, a les deux yeux bien égaux de point de Vue; j'en ai trouvé pluſieurs à qui il m'a fallu mettre des Verres de différens foyers dans une même Lunette. Pour ſuppléer aux défauts de ces ſortes de Vues, il eſt néceſſaire d'avoir beaucoup d'attention, afin de mettre des Verres bien réguliers pour le travail, & bien juſtes à ces différens dégrés de vue des deux yeux, parce qu'alors elles ſeroient plus nuiſibles qu'utiles à ceux à qui on les donneroit. Si les deux yeux ſont égaux entr'eux, c'eſt-à-dire, que le gauche & le droit voyent également avec le même foyer d'un ſeul Verre, il n'y a aucune difficulté de leur mettre deux Verres d'un même foyer. Voici cependant une délicateſſe que j'ai remarquée dans un grand nombre de perſonnes qui ont la Vue courte ; c'eſt que deux Verres travaillés dans le même baſſin, par conſéquent d'un même foyer, mais par différentes mains, faiſoient un changement conſidérable pour ces ſortes de Vues ; il faut par conſéquent que ce ſoit la même perſonne qui faſſe l'un & l'autre, ces ſortes de Vues s'appercevant aiſément de la moindre différence dans le travail des Verres. Quant aux Lunettes de différens foyers, j'en ai vendu une à une perſonne qui avoit la Vue courte, dont un des Verres avoit douze pouces de foyer, & l'autre trois pouces, & elle s'eſt parfaitement bien trouvée de ces deux foyers ſi différens. L'âge ne prouve rien non plus pour ces ſortes de Vues; car j'ai donné le même dégré de Vue à trois ſortes de perſonnes, l'une de 28 ans, l'autre de 55, & la derniére de 80; c'étoit un Verre de deux pouces & demi de foyer, travaillé des deux côtés ſur un baſſin convexe de 5 pouces de foyer.

Une perſonne de Province, qui a la Vue courte, m'écrivit il y a quelques années, qu'après avoir vû pluſieurs perſonnes, ſans avoir réuſſi juſqu'alors, elle s'adreſſoit à moi pour avoir une Lunette qui pût lui convenir; que celles qu'on lui avoit envoyées, s'étoient trouvées ou trop courtes ou trop longues, & que faute de ce ſecours, elle reſtoit dans l'inaction: je lui répondis que pour finir le terme de ſes recherches, il m'étoit venu dans l'eſprit un expédient,

(qui peut ſervir d'un quatriéme moyen pour envoyer un point de vue) dont j'avois déja fait uſage à l'égard de pluſieurs perſonnes qui s'étoient trouvées dans le même cas où elle étoit, & cela avec un heureux ſuccès ; voici l'expédient dont je me ſuis ſervi : qu'il falloit faire meſurer l'eſpace qu'il y avoit depuis ſes yeux juſqu'à l'objet qu'elle vouloit voir, ſoit pour lire ou pour écrire, & qu'en m'en envoyant la meſure avec un bout de fil dans une lettre, je lui envoyerois à très-peu de choſes près le point juſte de ſa vue ; elle le fit, & je lui envoyai des Verres de huit pouces de foyer, parce que ce brin de fil avoit environ cette longueur-là. Elle fut très-ſatisfaite de ces Verres, & me fit tenir par la ſuite deux douzaines de Verres qu'on lui avoit envoyés, dont les uns avoient 14, 15, 16, 18 & 20 pouces, d'autres 10, 5, 4 & 3 pouces, & par conſéquent aucuns de ces Verres ne s'étoient trouvés juſtes à ſon point de vue.

Les Vues courtes en Province ne trouvent pas ſi aiſément que les Vues longues, des modéles à envoyer. Quand il s'agit de ſervir ces ſortes de Vues, on n'a pas beſoin de meſure, on leur fait ſeulement eſſayer des

Verres de différens foyers, & elles nous déterminent elles-mêmes au point juste de leur vue ! je puis avouer que je n'ai jamais trouvé de moyens plus sûrs que ce dernier pour ces sortes de Vues. Je ne prétens pas cependant donner cette régle pour une chose sûre à l'égard de toutes ces sortes de Vues ; elle a cela de commun avec bien d'autres, c'est-à-dire, d'être sujette à quelques exceptions.

Comme je me suis proposé dans ce petit Ecrit, de dire tout ce que je pense, & tout ce que l'expérience m'a appris, j'espére que le Public judicieux, & que je tâche de satisfaire par ces petites inſtructions, voudra bien m'en tenir quitte à ce prix.

D'ailleurs ſi cette meſure eſt priſe exactement, & ſelon l'écart dont on voit naturellement un objet, & ſans aucun ſecours, quoiqu'avec peine à la vérité, (parce que ſans cela on n'auroit pas beſoin de Lunettes) elle nous conduira toujours à quelque choſe de plus ſûr, que d'envoyer au hazard du 10, 12 ou 15 pouces, à des perſonnes auxquelles il faut du 5, 6, 20, 24 ou 30 pouces. Si on a lieu de craindre de ſe tromper pour le point de vue, voici la précaution que l'on peut prendre; il faut envoyer d'abord un Verre dont le foyer ſoit juſte de la meſure que l'on a reçue, & en même tems en envoyer deux autres, dont l'un ſoit ſupérieur à ce premier de deux pouces pour le foyer, & l'autre inférieur de deux pouces auſſi de foyer : par exemple, ſuppoſons la longueur envoyée de 12 pouces; envoyez un Verre de 12 pouces, un de 14 & un de 10; il eſt naturellement ſûr qu'un des trois réuſſira. L'expérience nous en prouve la vérité.

Voici des effets ſurprenans de l'uſage des Verres ſur les Vues longues & courtes, & qui ſemblent tenir du myſtere, juſqu'à ce que l'Académie Royale des

Sciences, cette mere féconde en Hommes ſçavans, ait enfanté quelqu'un qui perfectionne ce que d'autres n'ont fait que concevoir, & qui puiſſe un jour donner la ſolution des difficultés dans leſquelles nous ne faiſons que nous embarraſſer.

Une Vue courte comme une Vue longue, avec un Verre, ſuppoſons, de douze pouces de foyer, verra à un pied d'écart un objet très-clairement, & mieux qu'avec ſes yeux ; un autre avec ce même Verre verra cet objet à deux pieds, même trois pieds, & un autre ne le verra qu'à huit pouces d'écart. De ces différentes opérations ou effets, je conjecture que la vue d'un même objet apperçu à différens écarts par plusieurs personnes avec un Verre de même foyer, se trouve sans doute autrement modifiée chez les unes que chez les autres, puisque ce Verre n'a qu'un seul foyer, ce qui sembleroit prouver contre l'écart dont je viens de parler, qu'il faudroit prendre la mesure pour faciliter aux personnes de Province l'envoi de leur point de vue; mais l'expérience confirme ce que j'ai avancé, c'est-à-dire, que pour le plus grand nombre des Vues qui ne sortent point du foyer de leur Verre, il faut nécessairement en prendre la mesure. Je suis bien aise de faire mention de cette difficulté, pour prévenir les Artistes de ne s'y point arrêter, pour vouloir ou persuader aux gens de ne point prendre le point de vue le plus juste qui puisse leur convenir, ou s'imaginer eux-mêmes que les gens soient capables de leur en imposer, lorsqu'ils nous disent, par exemple, qu'ils voyent à 12 & 15 pouces d'écart, un objet qu'ils ne devroient vraisemblablement voir qu'à six pouces d'écart, avec un Verre de six pouces de foyer; il ne s'en suit pas pour cela qu'il leur en faille un de 12 ou 15 pouces de foyer, au lieu de celui de six pouces; car l'expérience nous prouvera qu'ils seront obligés, avec un Verre de ce dernier foyer, d'écarter encore plus l'objet de leurs yeux pour y connoître quelque chose, & qui alors leur devient inutile.

La meilleure régle & la plus générale que l'on puisse donner sur le choix des Lunettes, pour les Vues courtes, ainsi que pour les Vues longues, c'est qu'elles doivent nous faciliter la Vue des objets d'une maniere naturelle, & qui n'oblige en aucune façon la prunelle à se rétrécir, ou se dilater plus qu'elle ne doit selon la disposition actuelle de la Vue.

Les bonnes Lunettes procurent aux yeux un repos ; & si quelqu'un en travaillant avec ce secours, se sent la Vue fatiguée, ses Lunettes alors, ou sont irrégulieres en elles-mêmes, ou ne sont pas justes à son point de vue.

Une sorte de Vue extrêmement difficile à servir, est celle à qui on a fait l'opération de la Cataracte, soit dans la jeunesse, soit dans un âge avancé ; celle à qui on l'a fait dans la jeunesse, est susceptible de quelque secours ; à l'égard de celle à qui on l'a fait dans un âge avancé, on a beaucoup de peine à la soulager, & encore faut-il pour l'une comme pour l'autre, que ce ſoit trois mois après la maladie.

Monſieur Gendron, un des plus fameux Oculiſte de notre ſiécle, m'a fait l'honneur entre pluſieurs perſonnes, de m'adreſſer quelques-unes de ces ſortes de Vues : j'ai tâché d'être utile aux unes, & j'ai avoué aux autres que les Lunettes leur ſeroient plus préjudiciables qu'utiles.

On donne aſſez ordinairement du 6, du 5, & quelquefois du 4 pouces $\frac{1}{2}$; aux plus agées on donne du 4 pouces, du 4 $\frac{1}{2}$, du 3 $\frac{1}{2}$, & même du 3 pouces : il faut leur demander avec ſoin l'effet que font ſur les yeux ces différens foyers, pour décider avec plus de ſureté des Verres qui leur ſont propres.

Les perſonnes les plus difficiles à ſervir, ſont celles qui ayant eu la Vue longue, l'ont courte après l'opération, ſelon l'aveu de quelques-unes qui m'ont aſſuré de ce changement à leur égard ; il faut pour lors à ces perſonnes-là, deux ſortes de Verres, l'un convexe pour celles qui ſe ſervoient de Lunettes avant l'opération, & pour celles qui ne s'en ſervoient point auparavant, il faut un Verre concave : on met ſeulement pour la forme, un Verre plan des deux côtés qui n'a aucun foyer, comme j'ai fait moi-même à l'égard de plusieurs personnes.

Quelques Oculistes conseillent à beaucoup de gens, de prendre pour se conserver la Vue, des Verres de couleurs. Voici sans doute leur raison : c'est que ceux qui ont la Vue extrêmement foible, ne peuvent souffrir la vivacité des réflexions de la lumiére ; or en ne les recevant qu'à travers d'un corps moins diaphane, elles sont alors plus proportionnées à la foiblesse de leurs yeux. Ne m'étant proposé pour but que d'être utile au Public & aux Artistes, je me crois obligé de dire en faveur de l'un & de l'autre, que l'expérience nous apprend qu'il n'y a que trois ſortes de Verres de couleurs qui ſoient avantageux à la Vue ; ſçavoir les Verres verds qui ne ſont point chargés ou hauts en couleur, les Verres Verd Céladon, & les Verres bleus clairs. Plus ces ſortes de Verres ſont parfaits pour la matiere, & légers en couleurs, plus ils ſont utiles, en y joignant la perfection du travail, car ſans cela on n'en tire aucun avantage. S'il y eût jamais mauvais Verres pour les yeux, ce ſont ces Verres de couleurs que l'on débite ſans diſcernement dans le public, tels que ſont les Verres verds de prés, verds de mer, gros bleu, jaunes, Verres violets ou couleur de vin, & couleur de rose : toutes ces sortes de couleurs sont sujettes à une infinité d'inconvéniens, quelques-unes même sont incapables d'être travaillées avec une certaine exactitude, par les défauts qui se trouvent dans le corps de ces sortes de matieres.

Voici la derniere espece de Vue, que l'on peut bien nommer une quatriéme sorte de Vue courte, l'étant pour la plûpart ; c'est celle des personnes qui sont louches, & qui tournent l'axe d'un œil sur un objet pour le regarder, pendant que l'axe de l'autre œil est tourné d'un autre côté : ils veulent regarder à la maniere ordinaire des autres hommes, & ne peuvent voir distinctement les objets, parce qu'il faut nécessairement que l'objet soit dirigé vers la partie la plus éminente de la cornée, afin que les rayons qui partent de cet objet, se puissent porter vers le centre de la rétine ; voilà la raison pour laquelle ils sont obligés de suppléer à ce défaur, en paroissant lire de travers, pour lire droit à la disposition de leurs yeux. De-là il s'ensuit que les louches doivent voir les objets plus gros que les autres hommes, parce que l'angle par lequel ils voyent, & par lequel on on juge de la grosseur des objets, est plus ouvert à cause de la grande convexité de la cornée transparente ; d'où vient aussi que la plûpart en écrivant font leurs caracteres petits. Ils voyent de loin avec des Lunettes dont les Verres sont concaves, parce qu'ils rendent les rayons divergens, & ne peuvent au contraire voir avec celles dont les Verres sont convexes, parce que leur cornée n'est déja que trop convexe. Il faut suivre à leur égard la même méthode que nous venons de donner pour les Vues courtes & foibles, dans le choix des Lunettes qui peuvent leur être de quelque utilité.

A l'égard de la loucherie, dont les enfans ſont attaqués, ce n'eſt qu'une habitude qu'ils contractent, ſans qu'il y ait aucun défaut dans leurs yeux ni dans leurs muſcles; auſſi les enfans deviennent-ils aiſément louches, en voulant imiter ceux qui le ſont, ou lorſqu'on leur préſente pluſieurs objets à la fois, parce que cela les oblige à regarder un objet avec un œil, & un autre objet avec l'autre œil, ce qui leur fait contracter la mauvaiſe habitude de tourner leurs yeux en même tems de deux côtés differens; habitude dont ils ne peuvent ſe défaire que très-difficilement.

On a vu auſſi des enfans s'accoutumer à loucher pour être placés obliquement vers une chandelle ou une fenêtre, ou quelqu'autre objet éclairé, & capable d'attirer leurs Vues ; car quoique pour voir cet objet, il leur ſoit poſſible de tourner les deux yeux à la fois, ils ſe contentent de regarder avec l'œil le plus proche de l'objet, ce qui leur donne par dégrés la mauvaiſe habitude de tourner les yeux de différens côtés l'un ſans l'autre. Il eſt aiſé de remédier à cet accident, lorſqu'on s'en apperçoit, ſoit en prenant les précautions que nous venons de donner, ſoit en appliquant ſur les yeux des enfans, (à qui les précautions n'ont pû empêcher cet accident,) un demi-masque à louchette, dans lequel se trouvent deux especes de moules de bouton creux, percés exactement au milieu, & vis-à-vis la place-naturelle que doit occuper la prunelle : cette ouverture redresse petit à petit cette inclination vicieuse, en obligeant l'œil à se tourner droit aux réflexions qui viennent de cette ouverture pour recevoir l'image de l'objet sur la rétine, & réforme en quelque sorte la difformité naissante de sa conformation, qui ne la rendoit sensible aux impressions des objets, que d'une maniere oblique & tortueuſe. A meſure que l'on apperçoit de la diminution dans les yeux offenſés, il faut aggrandir cette ouverture, juſqu'à ce qu'enfin cette précaution devienne inutile, leur Vue étant tout à fait redreſſée & fortifiée.

D'autres penſent que la Vue des enfans peut ſe redreſſer par le moyen d'un miroir ordinaire; qu'il eſt à propos pour cet effet de le leur préſenter tous les matins lorſqu'ils s'éveillent, & les amuſer au moins une heure à s'y regarder. Pour moi, je dis qu'un miroir de métal, le plus pur & le plus fin que l'on puiſſe avoir pour la fonte, & le plus régulier du côté du plan & du poli, eſt préférable à la glace la plus parfaite, qui ſouffre par ſon épaiſſeur deux ſortes de réflexions de rayons de lumiere, au lieu que celui de métal n'en ſouffre qu'une, n'ayant qu'une ſurface polie qui nous rend les objets dans le vrai, & nous les fait paroître plus naturels que la glace la mieux travaillée. Plus les rayons ſont directs & naturels, plus la Vue ſe réforme aiſément. Il faut, à la vérité, avoir ſoin de repolir tous les jours le miroir de métal, parce que l'haleine des enfans, ou leur attouchement, le ternit, & lui fait perdre aiſément l'éclat de ſon poli. On a réuſſi à l'égard de pluſieurs avec ce miroir de métal.

Les ſurfaces intérieures & extérieures d'une glace n'étant pas parfaitement planes des deux côtés, il arrive de-là que les objets nous paroiſſent différens de ce qu'ils ſont en eux-mêmes, ſoit en nous les groſſiſſant, ſoit en nous donnant la couleur qui eſt propre à la matiére; c'eſt ſans doute ce qui a donné occaſion d'appeller ces ſortes de glaces, miroirs flateurs, terme qui peut être cependant pris en bonne ou mauvaiſe part, puiſque s'il y en a qui donnent des couleurs, il y en a auſſi qui nous les ôtent, en nous prêtant les leurs; je veux dire des couleurs jaunes, bleuës & vertes. Il peut arriver aussi que quelques vices dans les muscles qui donnent le mouvement au globe, y occasionnent une mauvaise conformation, ou quelques maladies, comme une paralysie qui peut détruire l'équilibre des muscles, alors nos secrets ne pourront tenir contre, & n'y apporteront aucune réforme.

Quelques-uns prétendent que les louches voyent les objets doubles; mais comme je n'ai entrepris de faire dans cette Instruction que le personnage d'un Miroitier & d'un Lunettier, je laiſſe aux Philoſophes & aux Oculiſtes à faire le leur. Je dirai ſeulement en paſſant qu'il n'eſt pas néceſſaire d'être louche pour voir deux Cochers ſur le ſiége d'un caroſſe, qu'il ſuffit d'être ivre, parce que la duplicité des actions vient alors de l'action irréguliere des muſcles du globe de l'œil, occaſionnée par le changement que la liqueur ſpiritueuſe a produit dans le ſang de celui qui a bû avec excès ; que ce mouvement irrégulier ou tremblement de ſes muſcles, empêche de fixer les axes optiques vers le point de l'objet qu'il regarde, & que s'il vient à fermer un œil, il ne verra plus qu'un objet.

De tout ce que je viens de dire, il faut conclure que, toutes les Vues n'étant pas égales, comme il paroît par la diverſité des Vues longues & courtes, il eſt d'une grande conſéquence de s'adreſſer à un homme qui connoiſſe un peu ce que c'eſt que la Vue, & encore plus les différens Verres, dont toutes ces ſortes de Vues peuvent tirer quelque ſecours.

Les Vues qui peuvent ſupporter une plus grande divergence des rayons de l'objet, telles que ſont celles qui ſont courtes, & dont on vient de parler, ont l'humeur criſtalline plus convexe; ces ſortes de Vues ſont neceſſairement contraintes d'approcher davantage de leurs yeux les objets, & au concours de leurs rayons, afin de les voir diſtinctement. Les Vues longues au contraire ne peuvent ſupporter une ſi grande divergence ou écart de rayons, leur humeur criſtalline étant de moindre convexité, & ſont obligées d'éloigner l'objet de leurs yeux, à proportion de leur capacité, pour le voir diſtinctement. Ces deux ſortes de Vues ont beſoin par conſéquent de Verres différens les uns des autres : il faut donc aux Vues courtes, des Verres qui rendent les rayons divergens, tels que ſont les Verres concaves ; aux Vues longues, il faut des Verres qui rendent les rayons convergens, & qui partant de divers points de l'objets, s'inclinent vers un même point tendant à l'œil, tels que ſont les Verres convexes. La Vue étant un des cinq ſens qui mérite le plus d'être conſervé, & ne pouvant l'être que par ce ſecours, il eſt abſolument néceſſaire que tous ces Verres ſoient travaillés avec une grande exactitude.

TROISIEME SECTION.

METHODE POUR SE conduire soi-même dans la conservation de la Vue.

VOICI une Méthode pour se conduire soi-même, ou plutôt se conserver la Vue, &c. cela par des proportions méchaniques de la Dioptrique.

Nous avons indiqué ci-devant les marques auxquelles on peut connoître la nécessité de se servir de Lunettes, ainsi que le moyen de choisir de bonnes Lunettes pour les premieres, sans en marquer le foyer précis, toutes les

Vues n'étant pas les mêmes, puiſ-qu'il y en a de differentes ſortes, comme nous l'avons expliqué ci-devant ; cependant pour faire uſage de cette méthode, il eſt bon de déterminer ici un foyer, qui ſervira de régle pour les premieres Lunettes ; ſuppoſons donc quelqu'un qui n'ait pris pour premieres Lunettes, que des Conſerves de ſix pieds de foyer pour le jour, & cinq pieds pour le ſoir ; mais avant d'aller plus loin, & de parler des ſecondes, je me trouve obligé d'avertir que ceux qui ont quelque intérêt de ſe conſerver la Vüe, doivent faire attention à cette méthode, & ne ſe point ſervir de Verres communs : pour ceux qui s'en ſervent, ils ſont entiérement diſpenſés de faire uſage de cette méthode, & en ce cas les premieres & les ſecondes Lunettes ſont également bonnes pour eux : pour faire abſtraction d'ironie, & dire les choſes de bonne foi, je crois qu'il y auroit moins d'inconvénient à faire comme nos Peres faiſoient autrefois, avant l'invention & la perfection des Lunettes, c'eſt-à-dire, faire uſage de ſes yeux juſqu'à ce qu'ils ne puiſſent plus nous rendre aucun ſervice, plutôt que de prendre des Verres qui hâtent l'affoibliſſement & le détriment de nos yeux, tels que les verres communs, qui la plûpart du tems ſont faits ſans régle ni proportion, & de mauvaiſe matiere.

Pour revenir à ma Méthode, & faire tréve de digreſſions, je dis qu'il faut demeurer le plus long tems que l'on peut, aux deux dégrés dont je viens de parler ci-deſſus : cependant ſi au bout de quelques années on s'apperçoit d'un certain changement ou affoibliſſement dans la Vue, alors il faudra prendre pour ſecondes Lunettes, du 4 pieds pour le jour, & du 3 pieds pour le ſoir : ſi par la ſuite il ſurvient quelque maladie qui altére la Vue, ou la faſſe baiſſer, il faudra prendre une Conserve de 30 pouces pour le jour, & une de 24 pouces pour le soir, & si on ne tire pas un secours suffisant de ces deux sortes de foyers, que la Vue se trouve plus affoiblie que je ne dis, & que même elle fatigue avec ces sortes de Lunettes, parce qu'elles ne réunissent pas assez de rayons des points de l'objet pour le rendre sensible, il n'y a aucune difficulté de prendre du 20 pouces pour le jour, & du 18 pour le soir

Ceux qui auront besoin de changer de foyer, feront attention qu'il ne faut pas précipiter les différens dégrés de vue, par lesquels on doit passer petit à petit, parce qu'autrement ils courreroient risque, ayant pris de fortes Lunettes de bonne heure, de n'en plus trouver d'assez fortes dans un âge avancé, & dans lequel souvent la seule consolation qui nous reste, est de pouvoir encore lire & écrire par le moyen de ce secours. Il ne faut pas non plus prévenir la foiblesse, il faut au contraire la soutenir, ou plutôt l'empêcher d'augmenter.

Pour se conserver la Vue, il faut nécessairement se servir de bons Verres travaillés des deux côtés, & toujours de deux sortes de points de vue, comme nous l'avons dit dans la premiere Section, & pour lors on restera long-tems au même dégré de vue. Voici les dégrés des foyers les plus ordinaires pour les Vues longues ; ſçavoir, du 18 pouces pour le jour, du 16 pour le ſoir ; du 16 pour le jour, du 14 pour le ſoir ; du 14 pour le jour, du 12 pour le ſoir ; ce dernier dégré eſt celui auquel on reſte plus de tems, & de cent perſonnes qui ſe ſervent de ce point de vue, il y en a au moins quatre-vingt qui y reſtent dix ans & vingt ans, quelquefois même le reſte de leur vie ; c'eſt le point de vue le plus courant, & dont il eſt peut-être dangereux de ſortir ſans un beſoin réel; l'expérience nous en fournit aſſez d'exemples. Voici les dégrés de foyers ſuivans; du 12 pouces pour le jour, du 10 pour le ſoir; on reſte encore aſſez communément à ce dégré pendant du tems, mais lorſqu'on eſt obligé d'en ſortir, il faut aller doucement, & ne prendre pour le jour que du 10 pouces, du 9 pour le ſoir; enſuite du 9 pour le jour, du 8 pour le ſoir; du 8 pour le jour, du 7 pour le ſoir; ce dernier point de vue eſt aſſez ordinairement celui auquel on ſe tient pour toujours, même les perſonnes les plus avancées en âge. Cependant comme il ſe trouve des perſonnes à qui il faut des foyers extrêmement forts, on peut encore leur donner les foyers ſuivans; du 6 pouces pour le jour, du 5 $\frac{1}{2}$ pour le ſoir, & même du 5 pouces; du 5 pouces pour le jour, du 4 $\frac{1}{2}$, même 4 pour le ſoir. Les Vues longues ordinaires & foibles ne paſſent jamais ce dernier dégré de foyer.

A l'égard des Vues courtes, on doit ſuivre le même ordre pour les foyers, excepté que les premiers ont des Verres convexes, & les ſeconds des Verres concaves. Les Vues courtes ont des foyers en plus grand nombre pour leur uſage; ſçavoir, du 4 pouces on les fait paſſer au

3 pouces ſix lignes ; enſuite 3 pouces, 2 pouces ſix lignes, 2 pouces, & un pouce ſix lignes : voilà le dernier foyer des Vues courtes, cependant on en trouve très-peu qui aillent à ce foyer.

Les perſonnes qui voudront ſe conſerver la Vue, peuvent donc ſe conduire elles-mêmes, en ſuivant cette Méthode, dans laquelle je viens de donner les proportions des foyers des Verres, auxquels une certaine ſuite d'années nous oblige d'avoir recours. Je crois que les Artiſtes, & les perſonnes qui ſe ſervent depuis un tems de Lunettes, approuveront cette Méthode, comme étant le plus ſûr moyen de ſe conduire ſans aucun riſque.

QUATRIEME SECTION.

POURQUOI LES personnes âgées ayant la Vue affoiblie, jusqu'à en être privées presque entiérement, la recouvrent néanmoins dans un âge plus avancé.

RIEN n'est plus surprenant, & ne semble plus tenir du prodige dans la nature, que d'une même cause résultent deux effets contraires: Que la vieillesse qui avoit altéré l'organe presque jusqu'à la privation de la Vue, qui dans la suite devoit moralement en causer la perte entiere, la rende néanmoins presque dans sa même vigueur. J'ai vu plusieurs personnes très agées, après s'être long-tems servi de Lunettes, pour suppléer à la foiblesse de leur Vue, avoir été contraint de leur en donner peu à peu de plus jeunes, c'est-à-dire, d'un foyer plus long, & enfin les avoir amenées de dégrés en dégrés à l'usage de celles que l'on appelle Conserves; telles que sont des Lunettes de six pieds de foyer, au lieu de celles qu'elles avoient de six pouces, & enfin les quitter tout à fait, leur Vue s'étant rétablie, comme par un renouvellement des forces de la nature

ture ſemblables à celles qu'elles avoient à l'âge de vingt ans. Les perſonnes qui ont la Vue courte ; & ceux qui ſont louches, ont aſſez communément cet avantage avec les longues. Plus elles vieilliſſent, plus elles peuvent voir de loin, en ne ſe ſervant plus de Lunettes, après même en avoir fait uſage pluſieurs années, parce que l'âge deſſéchant la tunique cornée de leurs yeux, l'affaiſſe, & l'empêche d'être ſi éminente qu'elle étoit, & leur procure par-là une certaine perfection dans un tems, où les autres hommes au contraire qui ont eu la Vue longue, s'apperçoivent tous les jours de son racourcissement, & de son affoiblissement.

Pour expliquer d'une maniére plus détaillée la cause d'un effet si surprenant, il faut sçavoir que la chaleur du tempérament de l'âge viril, desséche ordinairement l'humidité naturelle des humeurs & membranes de l'œil, par conséquent diminue la convexité de l'humeur cristalline, resserrant aussi l'humeur vitrée qui doit tenir la rétine tendue, suivant la figure naturelle à la distance requise de l'humeur cristalline, pour recevoir les réflexions des points de l'objet, & elle altére par ce moyen toute la conformation naturelle de l'œil. Cette chaleur ſi funeſte à l'humide des yeux, ſe fait ſentir ſur-tout dans les tempéramens bilieux ſanguins ; mais elle n'y porte pas toujours des coups irréparables, car lorſqu'ils avancent dans l'âge qui affoiblit toujours la chaleur naturelle, le froid humide de cet âge tempérant leur chaleur extrême, humecte quelquefois doucement les membranes des yeux deſſéchés, & les rend capables de s'étendre, & ſe dilater de nouveau preſqu'à la même capacité, qu'elles avoient dans le jeune âge ; par conſéquent la rétine ſe tendant de nouveau, s'éloigne dans l'œil à la distance proportionnée, & la nature se renouvellant, pour ainsi dire, de la sorte, restitue toute la conformité des yeux, par conséquent la Vue, sinon au même dégré de force & de chaleur, du moins certainement à proportion de l'âge avec un avantage digne d'admiration.

ERRATA.

PAGE 10. *derniere ligne*, sont refractés, *lisez* souffrent réfraction.

Page 11. *l.* 18. enlever la cataracte, *lisez* abaisser la cataracte.

Page 16. *l.* 17. autres Professions, *lisez* autres Artistes.

Page 26. *l.* 10. m'élever en faux, *lisez* m'inscrire en faux.

Page 45. *l.* 17. nos yeux sont, *lisez* nos yeux, prises ensemble sont.

Détail des Marchandises qui se vendent chez l'Auteur, au Miroir Ardent, entre la Fontaine saint Benoît & le College du Plessis, rue saint Jacques, à Paris.

LES personnes qui voudront bien m'honorer de leur confiance, trouveront chez moi toutes sortes d'ouvrages dépendans de l'Optique. Toutes sortes de Lunettes travaillées des deux côtés. Pour les Vues longues & courtes. Pour les Vues qui ont souffert l'opération de la Cataracte. Demi-Masques à deux Verres, pour aller en campagne & se garantir les yeux du froid, du vent, & de la pouſſiere en courant la poſte. Monocles pour les Vues baſſes & courtes. Toutes ſortes de Verres à groſſir & diminuer les objets, en les rendant plus clairs & plus diſtincts. Louppes pour déchifrer les vieilles écritures, & qui peuvent auſſi ſervir de Mycroſcopes à la main, très-utiles aux Peintres, Graveurs, Horlogers, Ciſeleurs & autres Artiſtes, pour pouſſer leurs ouvrages au plus haut point de perfection. Verres à facettes pour multiplier un objet ſous de plus petits angles, propres aux Graveurs en taille douce. Verres triangulaires, autrement appellés Priſmes, propres aux Peintres, pour apprendre les couleurs. Verres à diminuer les objets pour les Peintres en mignature, & pour pointer. Cylindre de métal poli, avec les Cartes d'Optique du meilleur Dessinateur. Perspective illusoire garnie de plusieurs tableaux. Boëtte d'Optique, autrement dite Chambre noire, pour dessiner sans maître. Lanternes Magiques, avec toutes sortes d'objets grotesques peints sur Verre. Toutes sortes de Lunettes d'approche à deux & à quatre Verres. Lunettes montées en or, en argent & en cuivre doré en or moulu, avec leurs Etuis pour porter dans la poche. Toutes sortes de grands & petits Mycroscopes pour les solides & les fluides. Criſtaux de Paris & d'Angleterre pour mettre ſur les montres. Glaces pour mettre ſur les Mignatures. Paſtels ou Encre de la Chine, qui ſont dans les Tabatieres. Toutes ſortes de Lunettes avec leurs Etuis de chagrin, façon de chagrin, de Rouſſette & de Requin. Lunettes d'Angleterre du meilleur Artiſte. Lunettes montées en cuir apprêté, en Ecaille à reſſort d'or, d'argent & d'acier à la maniere d'Angleterre, très-propres & très-commodes ſur le nez. Des Portes-Lunettes d'acier. Lunettes à branches d'argent & d'acier, qui tiennent ſur les tempes, & n'empêchent pas la reſpiration. Toutes ſortes de Miroirs de Toilette & de poche. Toutes ſortes de Glaces pour Caroſſe, Trumeaux de Cheminée ; & autres Miroirs plans de Métal pour guérir les enfans de loucherie, Béſicles pour les empêcher de tourner la Vue, & de devenir louches. Miroirs ardents de métal, & de Glaces propres à allumer du feu au ſoleil. Verres ardents pour produire les mêmes effets au ſoleil. Miroirs à groſſir pour voir ſi on eſt raſé exactement, & pour nétoyer les Dents. Conſerves travaillées des deux côtés en Verre blancs, bleus, verds, & jaunes. Cônes & Cylindres à pans de métal poli. Criſtaux de

Roche pour les Braſſelets, ou Portraits. Cannes montées en Lunettes d'approche des plus à la mode. Chandeliers garnis de Verre verd pour lire le ſoir ſans s'incommoder la Vue par la trop grande vivacité des réflexions blanches. Miroirs Multiplicateurs, qui d'une ſeule perſonne en fournit une compagnie. Perſpectives amuſantes, qui rappellent les objets de bas en haut, & rendent paralléles des objets en éloignement, qui ſont perpendiculaires les uns ſur les autres en profondeur. Et toutes ſortes de curioſités dépendantes de l'Art de la Catoptrique & de la Dioptrique.

APPROBATION.

J'Ai lû par ordre de Monseigneur le Chancelier, un Manuscrit intitulé, *Instruction sur l'usage des Lunettes ou Conserves, par M. Thomin*; & je n'y ai rien trouvé qui en puisse empêcher l'Impression. A Paris ce 11 Août 1746.

CLAIRAULT.

PERMISSION DU ROY.

LOUIS, par la grace de Dieu, Roy de France & de Navarre, A nos amés & féaux Conseillers, les Gens tenans nos Cours de Parlement, Maîtres des Requêtes ordinaires de notre Hôtel, Grand-Conseil, Prevôt de Paris, Baillifs, Sénéchaux, leurs Lieutenans-Civils & autres nos Justiciers qu'il appartiendra : SALUT. Notre amé CLAUDE LAMESLE, Libraire à Paris, Nous a fait exposer qu'il desireroit imprimer & donner au Public un Ouvrage qui a pour titre *Instruction sur l'usage des Lunettes ou Conserves, par le Sieur Thomin, Miroitier Lunetier*: S'il Nous plaisoit lui accorder nos Lettres de Permissions pour ce nécessaires. A CES CAUSES, voulant favorablement traiter l'Exposant, Nous lui avons permis & permettons par ces Présentes d'imprimer ledit Ouvrage en un ou plusieurs volumes, & autant de fois que bon lui semblera, & de le vendre, faire vendre & débiter par tout notre Royaume pendant le tems *de trois années consécutives*, à compter du jour de la datte des Présentes. Faisons défenses à tous Libraires, Imprimeurs, autres personnes de quelque qualité & condition qu'elles soient, d'en introduire d'Impression étrangere dans aucun lieu de notre obéissance, A la charge que ces Présentes seront enregistrées tout au long sur le

Registre de la Communauté des Libraires & Imprimeurs de Paris dans trois mois de la datte d'icelles; que l'impression dudit Ouvrage sera faite dans notre Royaume & non ailleurs, en bon papier & beaux caracteres conformement à la feuille attachée pour model sous le contre-scel des Présentes, que l'Impétrant se confotmera en tout aux Réglemens de la Librairie, & notamment à celui du 10 Avril 1725; qu'avant de l'exposer en vente le manuscrit qui aura servi de copie à l'impression dudit Ouvrage sera remis dans le même état où l'Approbation y aura été donnée ès mains de notre très-cher & féal Chevalier le Sieur DAGUESSEAU, Chancelier de France, Commandeur de nos Ordres, & qu'il en sera ensuite remis deux Exemplaires dans notre Bibliothéque publique, un dans celle de notre Château du Louvre & un dans celle de notre très-cher & féal Chevalier le Sieur DAGUESSEAU, Chancelier de France, le tout à peine de nullité des Présentes: Du contenu desquelles Vous mandons & enjoignons de faire jouir ledit Exposant & ses ayans causes pleinement & paisiblement, sans souffrir qu'il leur soit fait aucun trouble ou empêchement: VOULONS qu'à la Copie des Présentes qui sera imprimée tout au long au commencement ou à la fin dudit Ouvrage, foi soit ajoutée comme à l'Original: Commandons au premier notre Huissier ou Sergent sur ce requis de faire pour l'exécution d'icelles tous Actes requis & nécessaires sans demander autre permission, & nonobstant clameur de haro, charte Normande & Lettres à ce contraires. Car tel est notre plaisir. Donné à Versailles le vingt-troisiéme jour du mois de Décembre, l'an de Grace mil sept cent quarante-six, & de notre regne le trente-deuxiéme.

SAINSON.

Registré sur le Registre XI. de la Chambre Royale des Libraires & Imprimeurs de Paris, numero 720. folio 636. conformément aux anciens Reglemens confirmés par celui du 28 Février 1723. A Paris ce 29 Décembre 1746.

G. CAVELIER, *Syndic.*

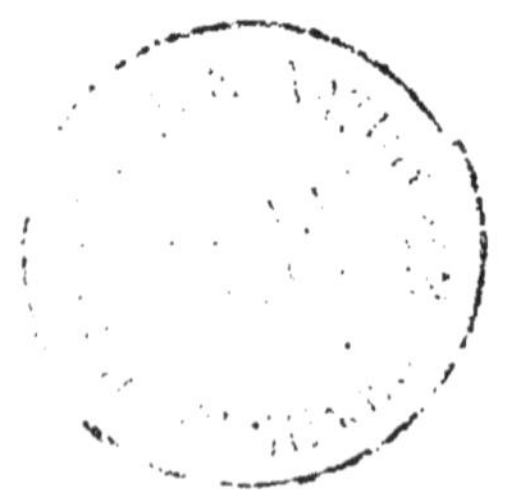

www.ingramcontent.com/pod-product-compliance
Ingram Content Group UK Ltd.
Pitfield, Milton Keynes, MK11 3LW, UK
UKHW021537260726
13993UKWH00002B/549

9 782329 557106